兇猛暴龍大鬧都市

監督者/ 平山廉
漫畫/ 新久保大介
故事/ 伽利略組

新雅文化事業有限公司
www.sunya.com.hk

公元 20XX年

在世界各地，堆積如山的高科技產品垃圾，不斷釋出有害物質。

如果大家不及早處理這個問題，自然界將會遭受嚴重傷害。

為了地球上的所有生物，請大家儘早設法解決。

被丟棄到太空的
垃圾之中……

※ 隆隆隆隆隆

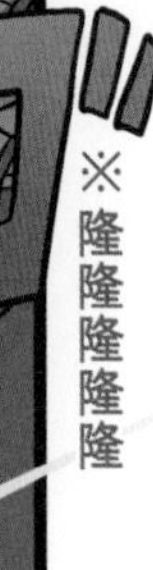

※隆重登場

其後，Z開始用盡各種方法展開攻擊，企圖把地球毀滅。
為了守護地球免受攻擊，墨田川教授現身了。
他集合了日本全國的精英孩子，並組成了防衛組織。

這個組織名叫
BB——
勇獸戰隊！
墨田川教授

Z！我不會讓你為所欲為的，YO！

我要消滅自私自利的地球人！

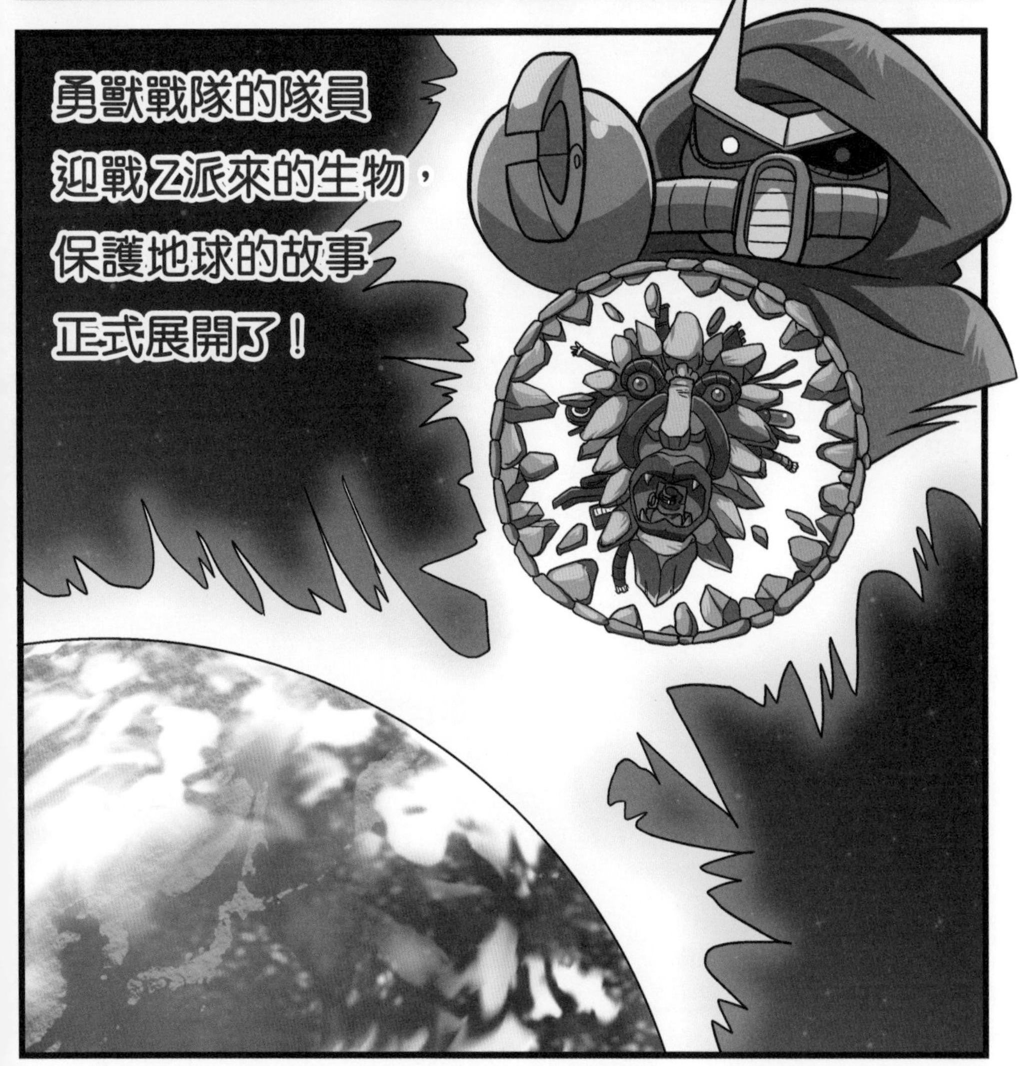
勇獸戰隊的隊員迎戰Z派來的生物，保護地球的故事正式展開了！

角色介紹

勇獸戰隊

是一個為了對抗神秘敵人 Z 和保護地球的防衛組織，由頭腦超凡的墨田川教授帶領。隊員皆是從日本全國挑選出來、12 歲以下少年少女，並通過嚴格的入隊考試才能加入組織。他們的使命就是把由 Z 派來地球的生物捉住，然後把牠們安全送回原來世界。隊員們都熟知生物的習性和弱點，以科學知識為武器，展開連場捕捉行動！勇獸戰隊分成五支小隊，各有專長，會被分派執行不同任務。

墨田川教授

勇獸戰隊的總司令官，他的真正身分其實是人型機械人，並移植了因意外喪生的墨田川教授的腦袋。他非常喜歡音樂，亦妄想自己是個俊男。

朱音

她是墨田川教授的助手，並以勇獸戰隊的教官身分帶領和照顧一眾隊員。她曾經也是勇獸戰隊的優秀隊員。

勇獸戰隊五小隊

藍獅小隊

負責應付陸上動物。

紫蟲小隊

負責應付昆蟲。

紅龍小隊

負責應付恐龍等古代生物。

綠鯊小隊

負責應付空中及水中生物。

黑蛇小隊

負責應付有毒、危險的生物。

紅龍小隊

他們專門對付 Z 派出來的恐龍對手。隊伍顏色是紅色，「RUFUS」是拉丁語，正是紅色的意思。

詩音

她非常喜歡花草，是對所有類別的植物都有豐富知識的「植物少女」。雖然她有時候很強悍，但骨子裏是個温柔的女孩。跟佳仁是同級同學。

佳仁

他擁有超乎常人的運動能力，而且操縱BB飛板的技術更是天才級，被譽為「BB飛板高手」。他的性格淘氣，有時候會得意忘形，一邊大叫「本大爺是天才！」然後失敗收場……

良太

紅龍小隊隊長，擁有豐富的古代生物相關知識。在勇獸戰隊中，他對恐龍的知識最豐富，因此被譽為「恐龍大師」。他亦是佳仁的哥哥。

神秘敵人Z

他誕生自人類丟棄到太空的廢物之中，擁有高等的人工智能（AI）。他極之憎恨自私自利的人類，因此把各式各樣的生物派到地球，誓要令人類滅亡。

BATTLE BRAVES

BB特別裝備

勇獸戰隊的隊員在進行捕捉生物任務時，會運用到以下這些裝備。戰隊守護地球的秘訣，就是結合最新科學技術和隊員的知識。

BB飛板

不論海陸空環境下都能夠自由自在地活動的滑板型載具。隊員會乘坐 BB 飛板從基地出動。

這些都是我創造的特別裝備。特別強，特別型，YO！

它備有很多功能，例如能噴出煙霧。

BB棍棒

以三枝為一組的棍棒，不同形狀分別有不同功能。配合不同的棍棒組合，還能提升其效能。

▲ 三角棍棒
（可發光或噴火等）

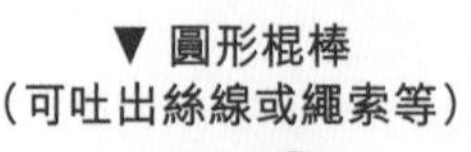

▼ 圓形棍棒
（可吐出絲線或繩索等）

▲ 方形棍棒
（可變成鎚子等）

BB收容器

當生物的戰意等級降至 0，向牠照射光線，就能把生物回收到這個收容器中。之後隊員會把捕捉了的生物送回原來的世界去。

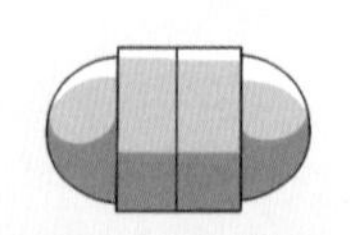

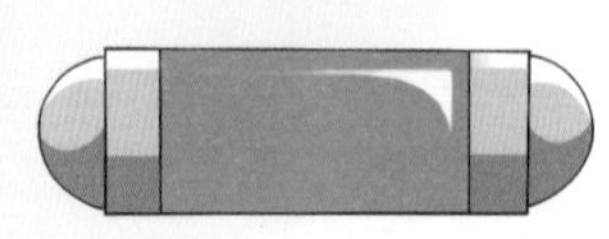

BB手錶

只要把手錶對準生物，就能夠得知牠的基本情報、能力分析表和戰意等級等資料。

目錄

第 1 章

恐龍在東京出現了！

話說回來，佳仁
跑到哪裏去了？
佳仁……呀！
良太，他在那裏啊！
佳仁
那傢伙又偷懶了……

佳仁！你不認真
練習，出動時受
傷就別怪人啊！

我早說過沒問題
啦！因為我是天
才嘛！

良太哥哥，你先
看看我吧！這是
我的新必殺技！
準備……

喝！
招式就叫——佳仁
超特……

※隆！

※嗶嗶

※亮燈

※碰啪！

你要幻想自己是俊男，也要適可而止啊，教授！
教授自我妄想圖
勇獸戰隊教官
朱音

朱音教官，你依然是那麼可怕呢。
好有型啊……

大家請看看這段影片！正如禿頭……不，教授所言，有些非常厲害的物體來了啊！
我的假髮呢？

※踏碎

又出現巨型生物了！
這是真的嗎？

是真的！恐龍在東京出現，並引發了大混亂啊！

ザザ 吵吵

這是……
信號被干擾了，YO！

哈……嘿嘿……
ザザザザ
哈哈……嘿嘿……
ザザ

※吵吵

愚蠢的地球人啊！
神秘敵人Z
我把中生代的恐龍
復活了啊！你們就
等着被消滅吧！

Z？

卡嘿……卡……嘿……
信號中斷

這事情是Z策劃的，YO！
要儘快制止，否則事態會越
來越嚴重，YOOO ！

※ 畫面亮起

勇獸戰隊出動吧！
參與恐龍捕捉
任務的是……
擁有豐富恐龍知識
的隊長，良太。
植物專家，詩音。
還有「BB 飛板
高手」，佳仁！

紅龍小隊！就由
你們負責吧！

※氣勢十足！

紅龍小隊的各位隊員！
地球的和平就拜託你們
了，YO！

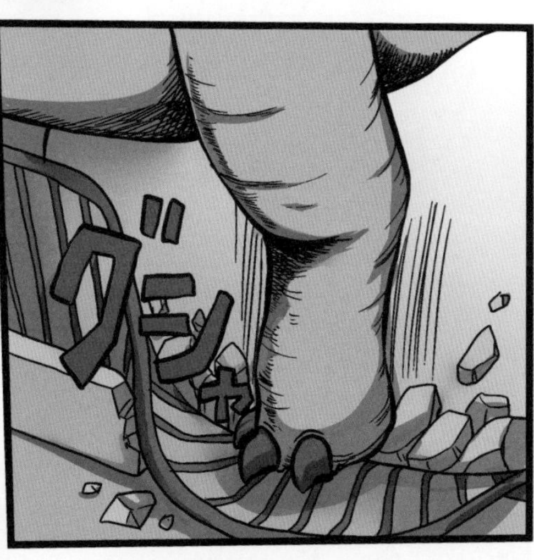

※踏碎

這裏有危險啊！大家
快去避難——！

那是……
是勇獸戰隊啊！
他們終於來了！

找到了——
是恐龍啊！

恐龍是怎樣的生物？

恐龍是在人類誕生的很久很久之前，曾經統治過陸地的生物。恐龍除了有數米至數十米的大型品種，亦有小至數十厘米的小型品種。原始的恐龍種類大多是用兩足步行，而在進化途中亦曾出現四足步行的類型。

恐龍自什麼時代出現？

恐龍自距今 2 億 3000 萬年前的中生代三疊紀後期出現，直至距今約 6600 萬年前，一直在繁盛地生存。

在古生代的後期，有大量生物滅絕了。而恐龍正是在那時候存活下來、由爬蟲類進化而成的生物。

牠們統治了地球大陸長達 1 億 6000 萬年，在侏羅紀時期特別繁盛，而在白堊紀後期就絕種了。

＜各種生物的進化流程＞

地球在距今約 46 億年前誕生，孕育出大量的生物。牠們經歷了悠長的歲月並進行了各種進化。

古生代

約5億4000萬年前 ~ 約2億5000萬年前

大量不同種類的動物在這個時代出現了！這是生物大進化的時代，植物和脊椎動物就是在這個時代登上陸地啊！

約2億5000萬年前 ~ 約6600萬年前

約 2 億年前　約 1 億 4500 萬年前

三疊紀	侏羅紀	白堊紀
恐龍誕生	恐龍最繁盛的時代	恐龍在白堊紀後期絕種

中生代

約2億5000萬年前 ~ 約6600萬年前

這是恐龍出現的時代！哺乳類動物（人類所屬種類）也是在這時代出現的！

新生代

約6600萬年前 ~ 現在

哺乳類取代恐龍在地球繁榮地發展。在約 700 萬年前，人類終於誕生了！人類在地球興盛，讓文明更發達。

恐龍和其他爬蟲類有何分別？

恐龍和爬蟲類的腳部位置非常不同。恐龍的腳部是由腰開始，向身體的下方筆直地延伸出來的；但鱷魚或蜥蜴等爬蟲類，腳部是從身體的外側打橫伸展出來，肘部亦是彎曲的。

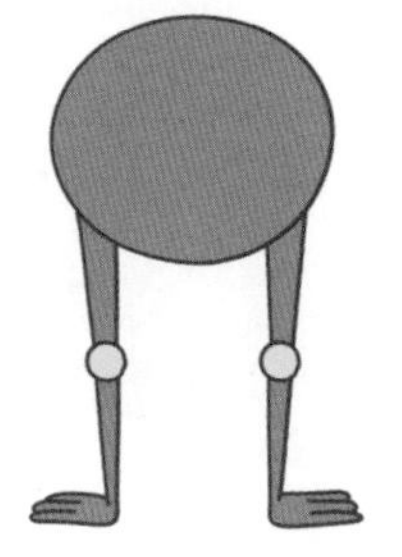
恐龍的腳

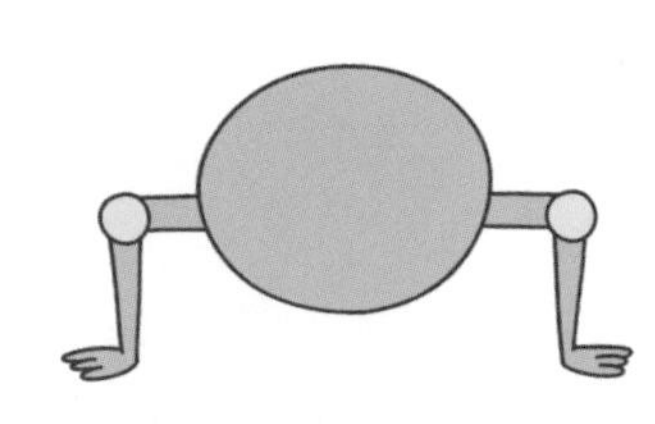
鱷魚或蜥蜴的腳

第2章 捕獲梁龍吧！

嗚嘩——！
ブン
※揮舞尾巴
バキバキ
※啪咧！

真巨大！

這是梁龍啊！牠的特徵是細長的頸部和長尾巴，牠也是恐龍界中最巨大的草食性恐龍啊。
[梁龍]
全長：約 35 米
棲息地域：美國
科：梁龍科
食性：草食性
生存年代：侏羅紀後期

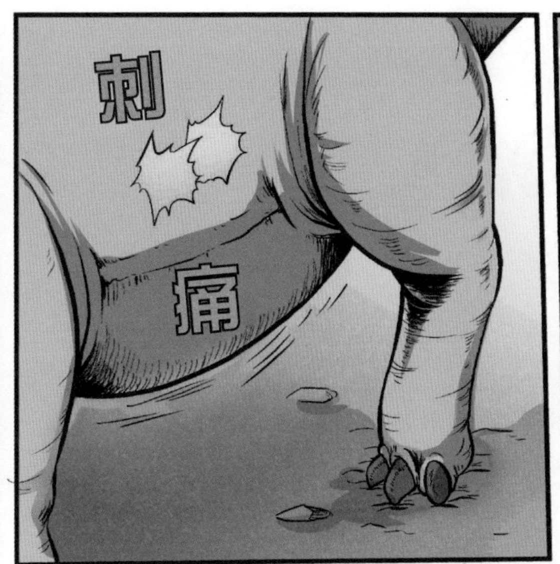

※咕啊啊啊

※沉重踏步

有兩頭逃到那個方向了！
のっし のっし
嗚哇呀呀！牠們殺過來了！

沉重踏步
沉重踏步
沉重踏步

糟了！要快點捕捉
牠們才行！
但這一頭在發狂，要
先想辦法抓住牠！

這裏就交由我們
勇獸戰隊處理
吧！
請各位冷靜下來！
這樣我們就
有救了！
啊呀！是勇獸
戰隊啊！

首先要確認梁龍的能力。

擦

有顯示了！這就是梁龍的能力分析表。

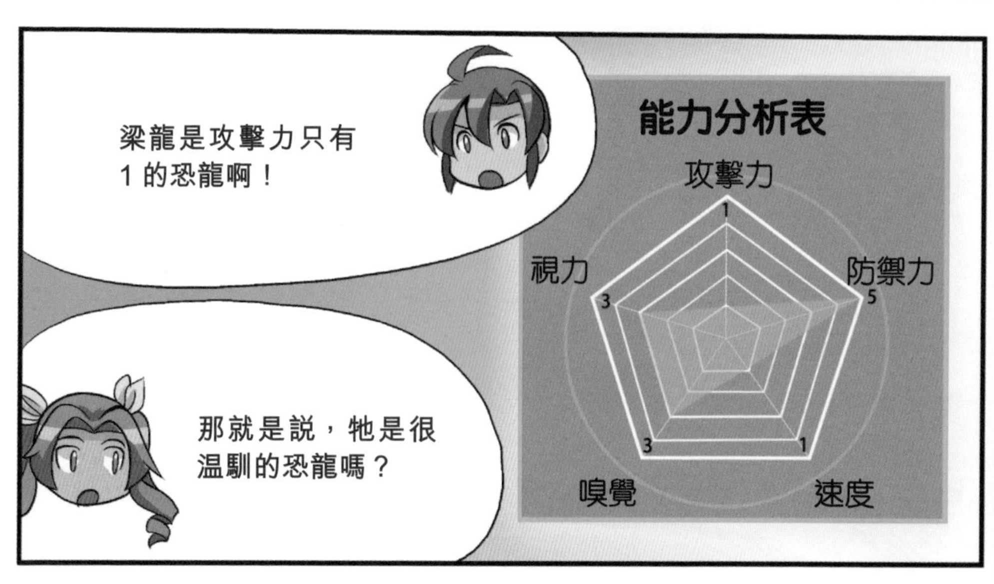
梁龍是攻擊力只有1的恐龍啊！
能力分析表
攻擊力
防禦力
速度
嗅覺
視力
1
5
1
3
3
那就是說，牠是很温馴的恐龍嗎？

※ 啪啦

対啊，牠們是草食性的，基本上不會襲擊人類或其他動物啊。
パキパキ

可是牠正在發狂，「戰意等級」看來很高啊。
我看是有某些緣故吧？

カチッ
クオオオン
戰意等級：3
戰意狀況：腹痛、驚慌

※ 咕啊啊啊

※ 咔擦

咦？腹痛？
起因就在牠的肚子裏嗎？

那就看看吧……透視光線！

啊啊！
竟然有一個機械人玩具在牠的肚子裏搗亂啊！

原來如此……牠吃掉了那玩具來代替胃石呢。
胃石？

數據庫
梁龍
喀
梁龍的牙齒是無法咬碎堅硬的植物的。

胃石
吞下植物
把石子和植物在肚子裏混合，植物就會被磨細和攪碎。
因此牠們會把石子儲存在胃裏，用這些「胃石」代替牙齒。被吞下的植物跟胃石混在一起後，就會被磨碎和消化了。

一定是Z讓牠吃掉那機械人啊！
那麼只要制止那機械人，牠就會變得溫馴嗎？

可是，該怎樣做？
這個……這個嘛……

唔……對了！
我們從外部放射強力的電磁波，或許能令機械人停止運作……

好！接招吧！電～磁～波！
你在做什麼蠢事啊！

那我們該怎樣做才好呀！
唔……怎樣做好呢？能夠發出電磁波的工具嘛……

對了！金屬探測器！
金屬探測器會發出電磁波嗎？假如我們手上有那種工具就好了……

可是，實際上哪會
這麼巧合呢……
有啊！

那裏應該會有金屬
探測器的！
所指地點
警署
真的嗎？
快去找找！
果然有啊！
好！開始行動吧！

好險啊！
ブーン
※揮舞尾巴
可惡！這樣子無法靠近牠的腹部啊！
ズシーン
※用力踏地
詩音！你能去吸引梁龍的注意，令牠停下來嗎？
明白！我試試看！

據說這些薰衣草的香味，有令人心情平靜下來的效果啊！

牠看來好像變平靜了。
好！是時機了！

バチッ
啪滋

詩音，怎麼樣啊？
バチ
バチ

機械人的行動停頓了啦！
策略成功了！

※啪滋啪滋

※ 噗咧噗咧

咒史了——！
（臭死了——）
沉重
踏步
太好了！這樣機械人也
順勢被排出來了……

戰意等級：0
戰意狀況：平靜
其餘兩頭逃跑了
的梁龍，看來也
平靜下來了。
三頭的戰意等級
都變成0了！
好！捕捉吧！
閃亮
捕獲！梁龍！

※畫面亮起

立刻跟朱音教官
報告吧！
成功了——

パッ
呀！朱音教官，
我們剛剛……

你們來得正好！ 上野動物園
有另一種恐龍在大肆搗亂
啊！請立刻趕去！
ENO ZOO

遵命！小人樂意幫忙！
キラーン

※華麗變臉

ENOZOO
大家立刻趕去
上野動物園！

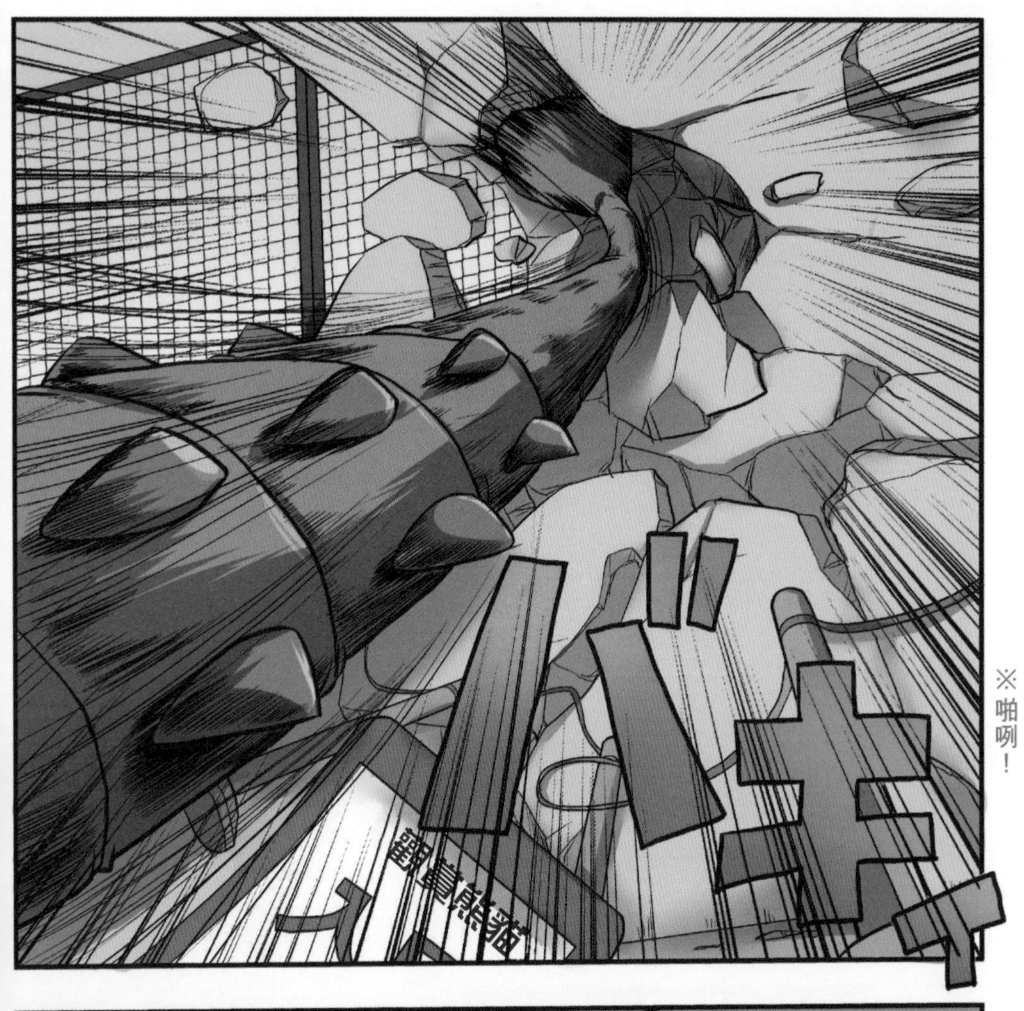

※啪咧！

脖子長長的梁龍

梁龍擁有細長的脖子和尾巴，是體型最大的草食性恐龍。牠們出現在侏羅紀後期，以草和樹葉為食糧。牠們以數十頭一組，羣居在一起。

長長的脖子有利於覓食！

牠只需要把長脖子稍向左右移動，就能吃到大範圍內的樹葉。所以在覓食方面，長頸是十分方便的啊！

與體型不符的小臉！

牠的頭部反而又小又輕，減輕了頸部的負擔。

換牙齒的次數是恐龍界的冠軍！

梁龍的牙齒好像鉛筆般細長，每一個月就會換牙一次。所以，牠們的牙齒有好幾層啊！

胃部亦有優秀的消化能力！

牠的食量跟現代的大象相若（200 至 300 公斤）。因此為了令食物更易消化，牠的肚子裏也儲存了「胃石」啊！
（請翻看第 34 至 35 頁）

草食性恐龍中最巨大的體型！

全　　長：約35米
棲息地域：美國
科　　　：梁龍科
食　　性：草食性
生存年代：侏羅紀後期

能趕走敵人的長~長~尾巴！

牠的長尾巴能像鞭子般揮舞，可以藉此趕走敵人呢！

像巨柱般結實的腿！

四條腿像巨柱般結實而粗壯，足以支撐着笨重的身軀！

草食性恐龍一整天都在進食？

體型龐大的恐龍為了維持巨大的身軀，需要攝取極多的營養。像梁龍這種巨型草食性恐龍，牠的主要食糧是營養較少的植物，估計一天需要吃數百公斤的食物。因此牠們應該接近不眠不休地，一整天都在進食呢！

大型草食性恐龍的秘密

像梁龍這種擁有龐大身軀、長頸、長尾巴，並以四足步行的草食性恐龍，在恐龍中被分類為「蜥腳下目」。牠們的身體其實具備了各種性能，才能維持龐大軀幹，同時也能便捷地生活。

恐龍的長脖子真的不能彎曲嗎？

你以為像梁龍般的長脖子，能夠大幅地彎曲吧？但實際上牠們的長脖子非常堅硬，是無法大幅度地彎曲和扭轉的啊！

你或許會擔心，如果牠們的脖子無法彎曲，長期會對頸部肌肉造成負擔而引致肩頸痛吧？你們大可放心！脖子長的恐龍由頸部到尾部由一條像彈簧般扭曲的韌帶支撐。這條韌帶能支撐住頸部和尾巴，不讓牠們往下沉。這樣子牠們就不需要用到頸部或腰部的肌肉，也就不會有肩頸痛或腰痛了！

像彈簧般伸延的韌帶

大型恐龍走路時沒有腳步聲？

在大家的印象中，巨型恐龍走路時定必會發出「咚隆咚隆」的腳步聲吧？但其實牠們走路時，是不會發出這種巨響的。你試聯想現代生物中，體型又大又重的大象。牠們走路時也不會發出「咚隆咚隆」的腳步聲，對不對？原因是如果牠們走路時用力踐踏地面來發出巨響的話，會對腳部造成很大負擔啊！所以，又大又重的生物為了不勞損自己的腳部，走路時反而不會發出巨大的聲音。

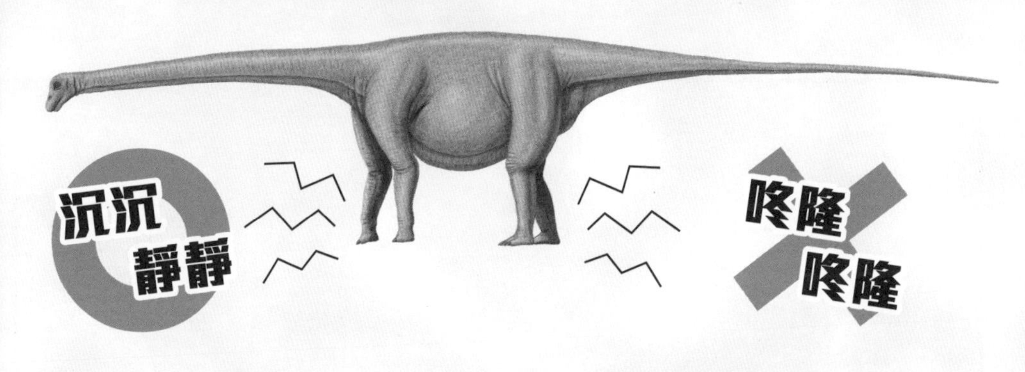

你或許會很在意，牠們是怎樣辦到的？答案就是——恐龍和大象的腳底像貓狗的腳底般，長有肉墊啊！這些肉墊就像巨大的座墊，能吸收與地面的衝擊，令牠們走路時不會發出巨響！

第3章
甲龍與大象之戰？

甲龍全身都覆蓋着堅硬的裝甲，
牠的英文名字 Ankylosaurus，也
有「堅固的蜥蜴」的意思啊！

這些知識是良太
告訴你的吧！

呵呵呵呵呵呵呵
（蠢材！）
嗚啊嗚啊
（你快消失吧！）
吼呀呀呀
（給我滾！）

※呼啊啊

ホアアアッ
瞪眼
オオオオ

※揮舞尾巴

ブーン

※啊啊啊

ドゴォ
咯噹！
ガン！
※咔嗒！
ウッホオオオ!!
（竟敢在我們面前撒野！）

※ 嗚啊嗚啊

ウオッウオッ
（看我們揍扁你啊！）
ギャアギャア
（你瞧什麼呀！）

※ 嘰呀嘰呀

牠被其他動物怒吼，
情緒很高漲啊！
這下糟了……甲龍的尾巴
末端像堅硬的槌子一樣，
有很強的破壞力啊！

所以牠的防禦力是
最高的等級 5 呢！
對，牠全身的裝甲
都是由堅硬的骨骼
組成的啊。

能力分析表
攻擊力
1
防禦力
5
速度
1
嗅覺
4
視力
2

カチ
※咔擦

戰意等級：5
戰意狀況：恐懼、空腹
嗚哇！戰意等級也是最高狀態啊！

而且牠還是空腹狀態啊，肚子餓會吃掉其他動物的！
甲龍是草食性的，所以不會吃動物……這個我之前已告訴過你的！

那些知識果然是良太告訴他的。

對了！把牠帶到沒有其他動物的地方，牠就會冷靜下來吧？
啊！這主意不錯嘛，就實行這個策略吧！

※ 哞哞哦——

※ 哞哞——

※ 嗚啊嗚啊

※ 嘰呀嘰呀

※哞哞哞哞

ゴォ
咯噹！

※一片靜寂

※嚇倒

ゲッ

吓——牠在吃糞便啊！
我想起了，有一個説法
指甲龍以糞便為食糧，
是恐龍界的清道夫啊。
ボーン

※嘔心

説笑吧……

呀！我想到一個好主意啊♥

因為牠的嗅覺等級很
高，只要用飼料的氣
味就可以引導牠了！
沉重踏步
可惡呀！為什麼要我自己
一個搬大便呀！

詩音你好狡猾！你自己就只做輕鬆的工作！
哎呀，你要我這位淑女去搬大便嗎？好過分！

良太哥哥你也來幫忙啊！

不行！這神聖的工作，只有身為大便高手的你才能勝任！
我是BB飛板高手才對啊！哪來的大便高手呀！

不過啊，朱音教官如果聽到良太也有乖乖幫忙的話，肯定會大力稱讚你啦～

你好厲害啊，良太隊員！
搬運大便的男生，
真的有承擔♥

佳仁啊！哥哥
也來幫你吧！
啊……好的。

不愧是兩兄弟
呢！表情一模
一樣的。
沉重踏步

戰意等級：2
戰意狀況：8分飽肚、心情好

好！還差一點就可以捕捉牠了！

嘰呀……
唔？那叫聲是什麼……

聲音是從建築物的
那邊傳來的！
グオオォ
咕吼吼吼

嘰呀
那些是似鳥龍，只是小型恐龍啊。另一頭是……
嘰呀
是暴……暴……暴龍啊——！！
吼吼

全身盔甲的甲龍

甲龍全身覆蓋了由堅硬骨板組成的裝甲，尾巴末端更有圓球形的尾槌。牠的防禦力在恐龍中是數一數二，英文名字 Ankylosaurus 有「堅固的蜥蜴」的意思啊！

全身就像武士的盔甲！

由頭部到尾巴末端都覆蓋着堅硬的裝甲。看起來就像身穿了盔甲的武士啊！

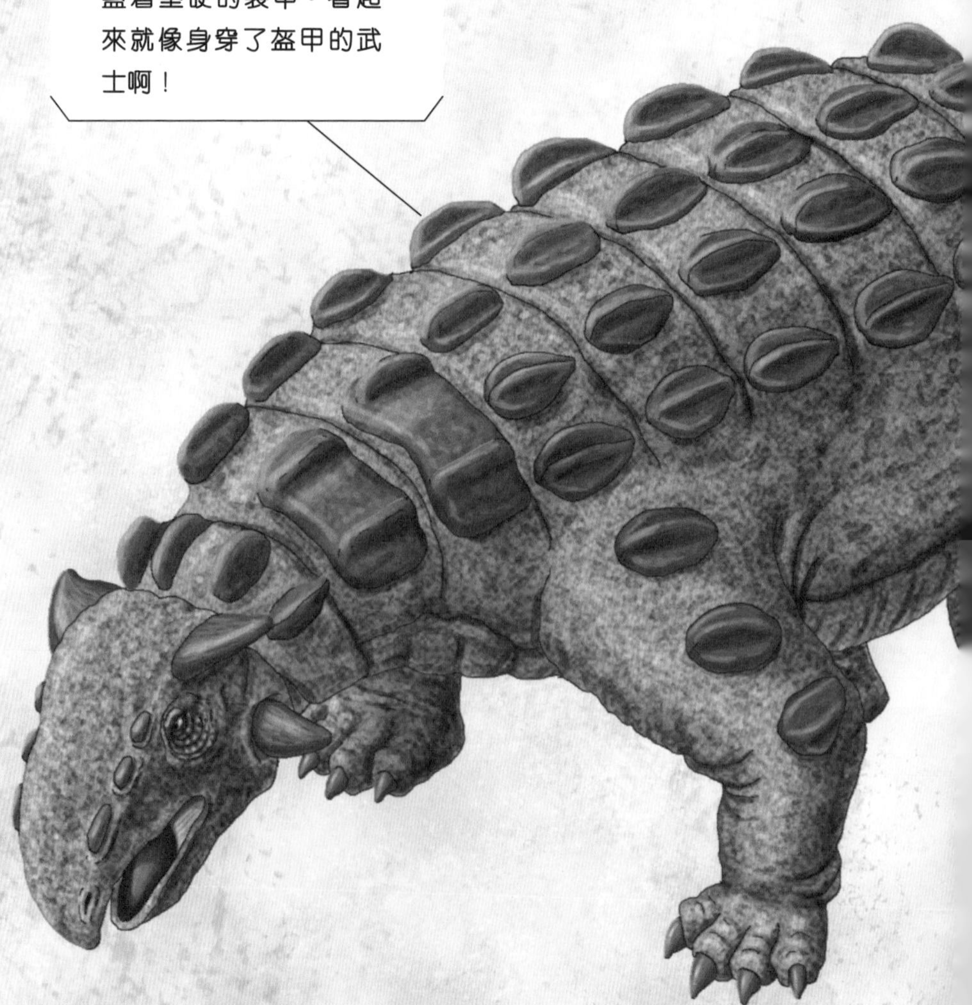

全　　長：7至9米
棲息地域：美國、加拿大
科　　：甲龍科
食　　性：草食性
生存年代：白堊紀後期

尾部的尾槌威力強勁！

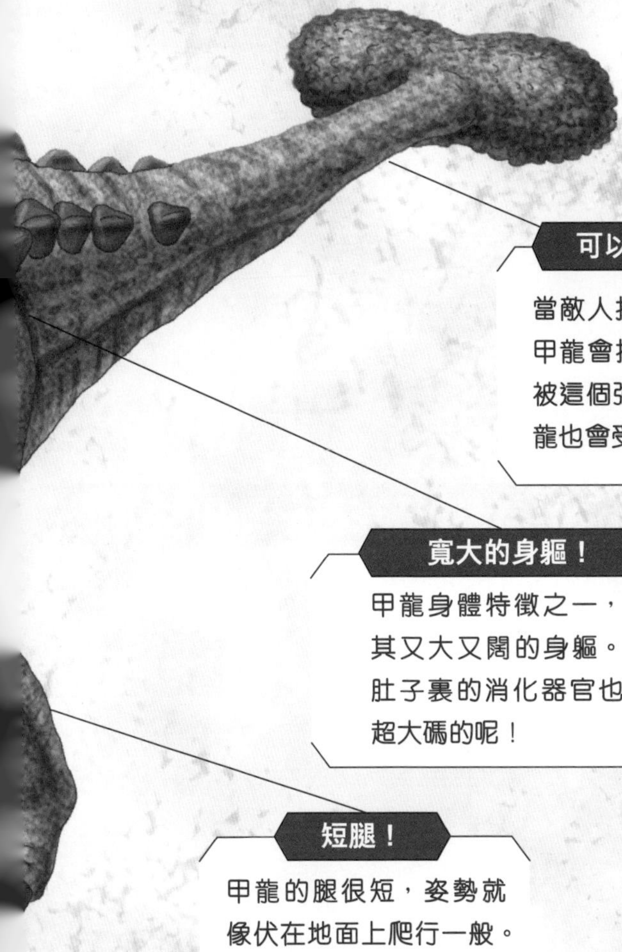

可以當作武器使用的尾槌！

當敵人接近時，為了保護自身安全，甲龍會揮舞尾巴末端的尾槌來攻擊。被這個強力的尾槌擊中的話，就連暴龍也會受到重創呢！

寬大的身軀！

甲龍身體特徵之一，是其又大又闊的身軀。牠肚子裏的消化器官也是超大碼的呢！

短腿！

甲龍的腿很短，姿勢就像伏在地面上爬行一般。但由於重心很低，所以走路時非常穩定呢！

甲龍的秘密

像甲龍這些身披裝甲、四足步行的草食性恐龍被分類為「甲龍亞目」。對這類恐龍而言，尾部的尾槌是十分重要的。

甲龍的尾槌是牠們的命根！

「甲龍亞目」大致可分為「有尾槌」和「沒有尾槌」兩大類。有尾槌的為「甲龍科」，而沒有尾槌的則歸類為「結節龍科」。

另外，這兩科的恐龍，棲息地也非常不一樣。「甲龍科」主要在內陸生活，而「結節龍科」主要在海邊生活的！

能夠往左右揮動的尾槌！

甲龍尾巴揮動的幅度

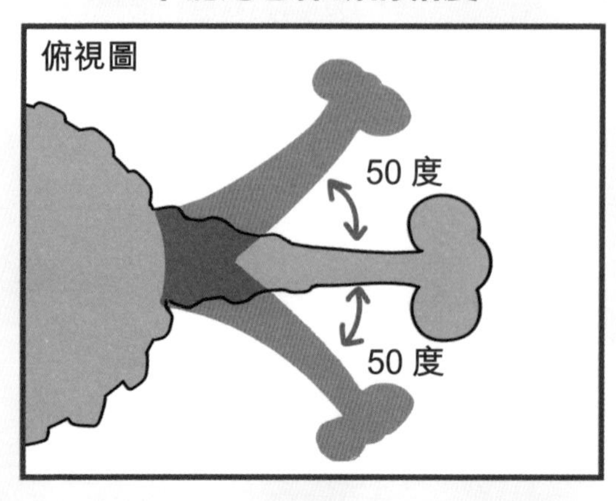

根據近年運用電腦分析的結果，甲龍的尾巴雖然不能往上下揮動，但能分別向左右揮動約 50 度啊。

甲龍在遇到危險時會左右揮動尾巴，用尾槌擊退敵人來保護自己呢！

甲龍的近親

全　　長：約5至7米
棲息地域：蒙古
科　　：甲龍科
食　　性：草食性
生存年代：白堊紀後期

美甲龍

牠的尾巴有兩個尾槌！另一特徵是身上的裝甲長滿尖刺，牠連側腹上也長有尖刺啊！

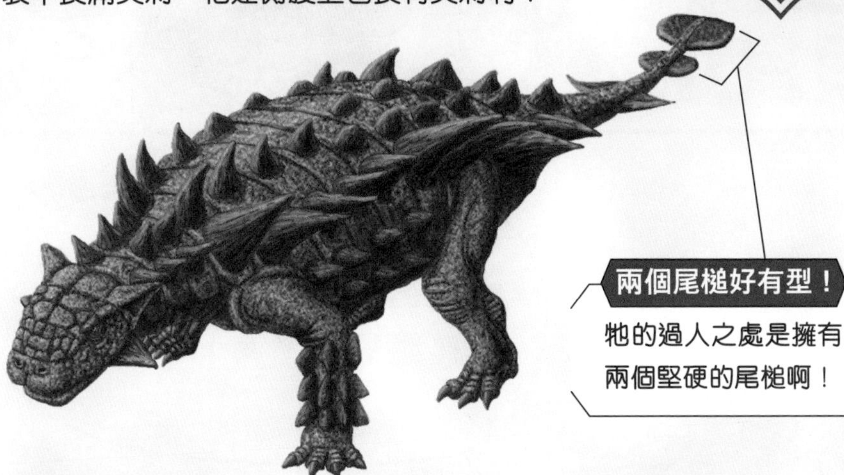

兩個尾槌好有型！

牠的過人之處是擁有兩個堅硬的尾槌啊！

頭部像戴了頭盔！

頭上長有長角，看上去就像日本武士的頭盔呢！

全　　長：約5米
棲息地域：蒙古
科　　：甲龍科
食　　性：草食性
生存年代：白堊紀後期

牛頭怪甲龍

從頭部後方突出來的兩隻長角，好有型啊！牠還有另一特徵，就是從臉的兩側長出來的大刺。

第4章
最強肉食性
恐龍
現身！

牠們是暴龍，是肉食性恐龍的王者啊！
真的假的啊？

[暴龍]
全長：約 13 米
棲息地域：美國、加拿大
科：暴龍科
食性：肉食性
生存年代：白堊紀後期
ガアア
アア
吼吼
吼吼
ギャア
ギャァ
嘰呀
嘰呀

你們説有暴龍？
這麼大的恐龍，
竟然就藏身在附
近……
司令室

經過長年累月的研究，
我們終於發現暴龍身上
其實是長有羽毛呢。

暴龍嗎……牠身上長了
這麼多羽毛，真羨慕，
YO！

※嗚哇呀呀呀

ぶわわわわっ
我也做了長年累月的研究，
反而毛髮都掉光了，簡直是
天壤之別，YOOOO！
夠了夠了……

能力分析表
攻擊力
5
防禦力
3
視力
2
速度
2
嗅覺
5
牠的攻擊力是最高的5級啊！

暴龍的噬咬能力異常強勁啊！威力足以一口就把馬分成兩半啊！

戰意等級：4
戰意狀況：空腹
戰意等級也好高！牠正以那些小恐龍為捕獵目標啊！

※嘰呀嘰呀

似鳥龍是一種類似鳥類，
猶如鴕鳥的恐龍。
［似鳥龍］
全長：約3米
棲息地域：美國、加拿大
科：似鳥龍科
食性：雜食性（主要吃植物）
生存年代：白堊紀後期

能力分析表
攻擊力
1
防禦力
5
視力
5
5
速度
2
嗅覺
咦？牠雖然細小，但
防禦力有5級啊！

※強勢推進

噠噠噠……
上野站
咕嚕嚕……

ジロリ 瞅

チッ 嘖

牠好像在戒備
甲龍的尾槌。
咕嚕嚕
暴龍停步了……

捱了尾槌一擊的話，就算
是暴龍也會受重傷啊。
ドカーン!!
咯噹！
確實如此⋯⋯

ギャアアア⋯
嘰呀呀呀⋯⋯

ギャア⋯
嘰呀
原來有一頭藏身
在那裏！

嘰呀
嘰呀

你在害怕什麼啊！
快點逃吧！
嘰呀
不……你仔細看。
呀……是蛋？
那頭是雄性的似鳥龍吧。牠們是由雄性去孵蛋的，在這段時間牠絕不會離開巢穴……

グルル…

※咕嚕嚕…

ガサッ

※咔吵

轉身
くるっ

可是……對手是暴龍，
牠只能棄蛋而逃吧。
牠以自己的性命為優先吧？這也是無可奈何，以牠的腳力肯定能逃得掉的……

可是那頭似鳥龍的
腳好像受傷了？
ひょこ
ひょこ
真的啊！這下
可危險了。

※一拐一拐

ダッ
加速

咦咦咦——？

牠的腳不是受傷
了嗎？
原來如此！那
傢伙是故意欺
騙暴龍的！
我一不留神
做了個滑稽
表情……

牠不想蛋被發現，所以故意
假裝受傷來吸引暴龍注意！

戰意等級：3
戰意狀況：驚恐、守護蛋

牠捨身去守護自己
的蛋嗎？

※摔倒

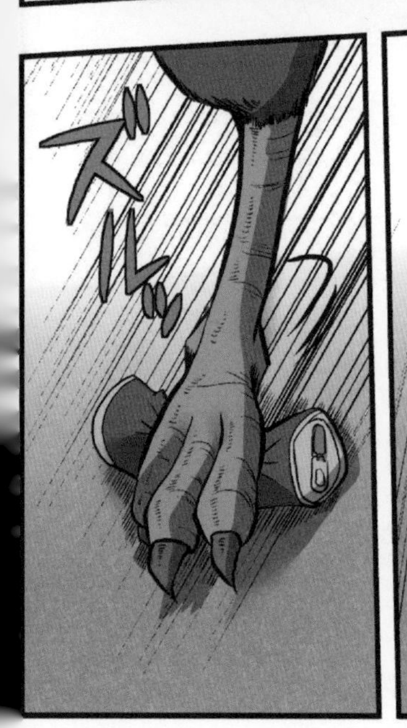

※踏中

※噬咬

※啪嘰…啪嘰…

※裂裂…

似鳥龍被……

怎可以這樣……
好殘忍啊……
筋疲力盡

可是……暴龍如果不捕獵其他恐龍的話，牠自己也無法活下去啊。

這樣看起來或許很殘忍，但這是自然界的法則啊。

詩音，現在得站起來啊！
呆在這裏的話，你會被
捲進去的！
你説會被捲進去
是指什麼啊？

這還用解釋嗎！獵物只有一頭，
但肚子餓的恐龍卻有兩頭……

※隆

ズーン
隆

ズーン

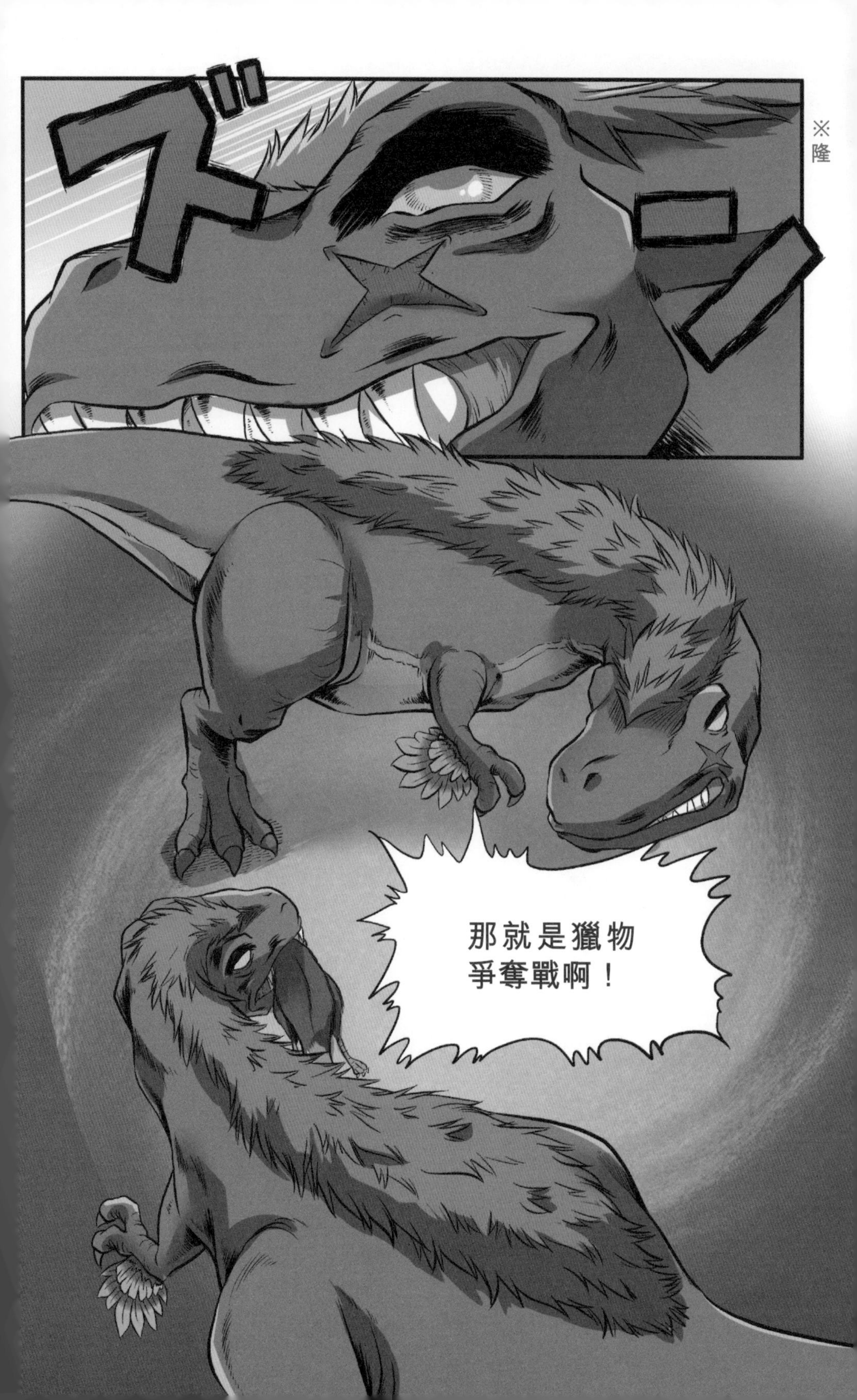
ズドン
※隆
那就是獵物
爭奪戰啊！

花俏的似鳥龍

似鳥龍是歸類為「獸腳亞目」的雜食性恐龍。牠的外表跟現代的鴕鳥很相似，所以亦被稱為「鴕鳥恐龍」。牠雖然跟鴕鳥一樣不會飛，但牠是跑得最快的恐龍啊。

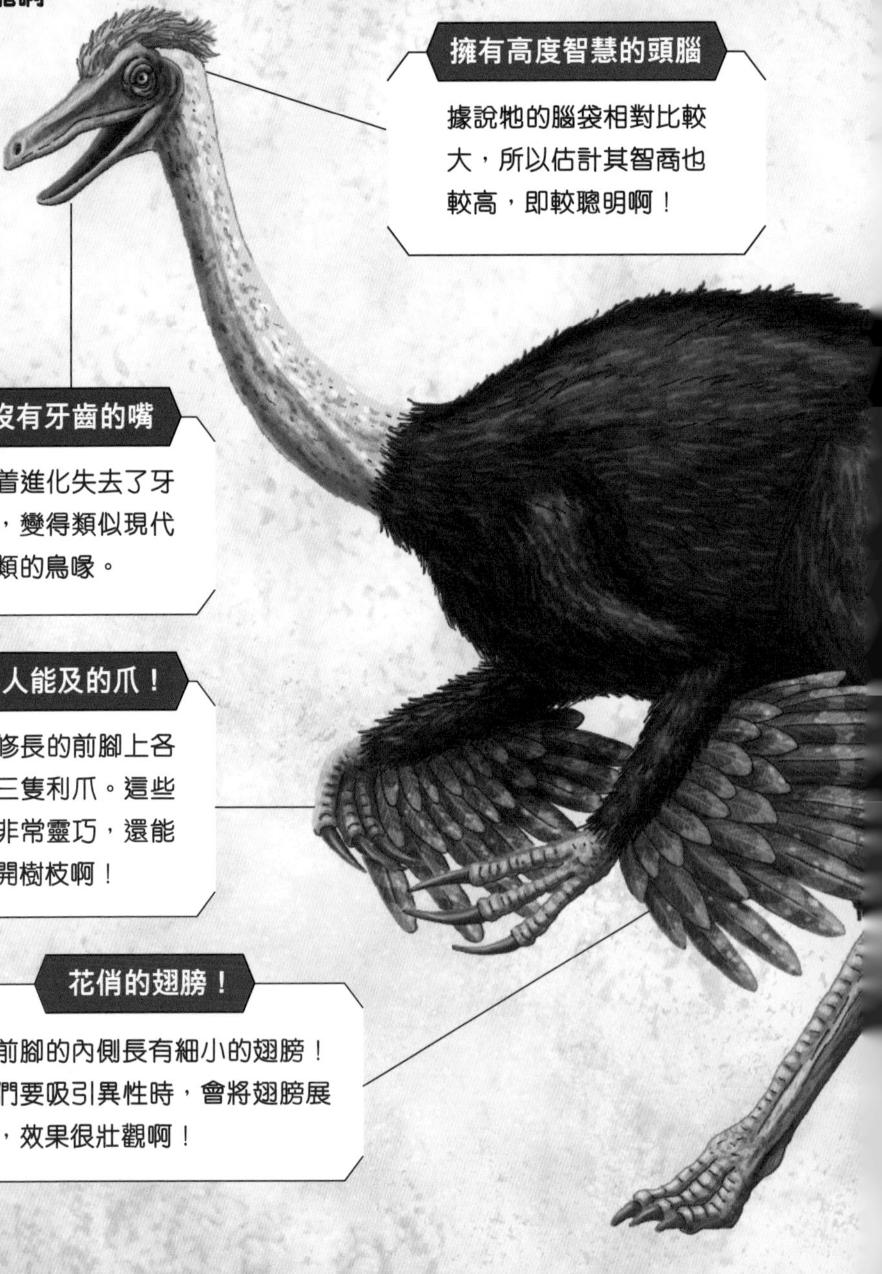

擁有高度智慧的頭腦

據說牠的腦袋相對比較大，所以估計其智商也較高，即較聰明啊！

沒有牙齒的嘴

隨着進化失去了牙齒，變得類似現代鳥類的鳥喙。

無人能及的爪！

牠修長的前腳上各有三隻利爪。這些爪非常靈巧，還能撥開樹枝啊！

花俏的翅膀！

短前腳的內側長有細小的翅膀！牠們要吸引異性時，會將翅膀展開，效果很壯觀啊！

在恐龍界跑得最快！

全　　長：約3米
棲息地域：美國、加拿大
科　　　：似鳥龍科
食　　性：雜食性
（主要吃植物）
生存年代：白堊紀後期

由肉食性變成了雜食、草食性？

似鳥龍本來是肉食性恐龍，不過經歷進化後，先失去了上排牙齒，繼而失去了下排牙齒，因此牠亦由肉食性變為雜食、草食性。似鳥龍的近親中，肚子裏都被發現有胃石（請參考第 34 至 35 頁），因此估計牠們會用胃石來幫助消化。

誇傲的強壯雙腳！

似鳥龍的雙腳修長而有力，不單能支撐自身的體重，還能以時速 50 公里奔跑，是牠們傲視同羣的部位啊！

第5章 阻止似鳥龍吧！

這是最強肉食恐龍之間的戰鬥！
吼啊啊啊

※強勢推進

※ 吵吵——

ザザーッ

※ 吼

ガァーッ

避開

※碰！
ドン
臉上有疤痕的那一頭，好像受了挺大傷害啊。
不愧是恐龍界王者之間的戰鬥，氣勢好厲害啊。

搖晃不定

呀！
※轟

※碰！

似鳥龍保護孩子的本能很強烈，牠是一位好父親呢！
但這亦是牠的弱點啊。

似鳥龍和恐龍蛋，捕獲——

咕嚕嚕

咕啊啊啊……
グガアア…
咦？
不妙！牠認為詩音奪去了牠的獵物！
你快點用 BB 飛板逃走啊！詩音！

ドスドス
良太哥哥！我們也快點從後追上吧！
嗯！把這兩頭捕獲後就去吧！

※ 隆隆隆

ドスドス
隆隆隆
嘩！糟了，要被牠追上了！

嘩呀！
ガサガサッ

※ 吵吵吵

※ 磨擦磨擦

ドガァァァァーン
咯隆！
成功了……
ガリ
ガリ
ガリ
※磨擦聲
ガッ
※咯

※碰

※喀嚓喀嚓

ガタン ゴトン
……

一如所料！
計劃成功！
講大話……
絕對是謊話。

可是，逃走了的
似鳥龍也不能放
着不管啊。
嗚……

現在不是説笑的時候啊！
那傢伙跑到哪裏去了？
那邊是東京站的方向，
快點追上去啊！

嗶嗶

朱音教官！
大家聽好，逃走了的似鳥龍，現時在秋葉原啊！

這個狀況下，你們最好分成兩隊！
秋葉原？

那麼秋葉原當然由我負責啊。
能夠和敏捷的似鳥龍對抗的，就只有我這個「BB 飛板高手」吧！
那麼，良太和詩音就往東京站出發吧！
那就拜託你了，高手！

好！立即出發！

秋葉原
GAME
平價
電器

好了，似鳥龍
在哪裏呢……

啊！連找也不用找了。
ワー
嘩
キャー
哇
電腦商場
咖啡室
模型玩具
Pc
Pc
最新
系列

← 動漫角色區
welcome!
購物車

不要呀——
別追過來啊！
咖啡室
OPEN!

別拿假髮四處去玩啊！
你們別太得意忘形啊！
ばーん

※隆重登場

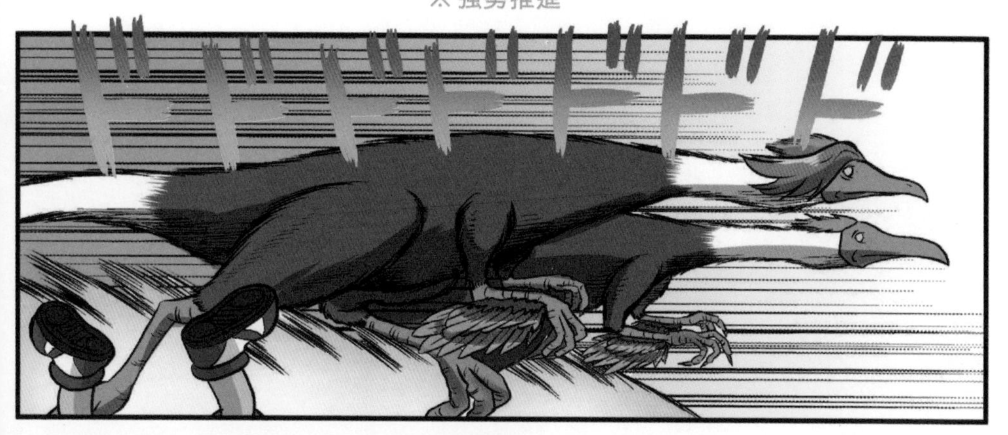
※強勢推進
ドドドドドド

嘰嘰！！

竟敢捉弄我，絕不放過你們呀——！
嘰嘰嘰——!!

站住——！

※ 嘰嘰嘰

パパッ
閃照
パッ
閃照
哈哈！這傢伙果然
害怕強光啊。
像這樣子把強光照向
轉角位，就能迫使牠
們一直向前跑啊！

パパッ
閃照
パパッ
閃照

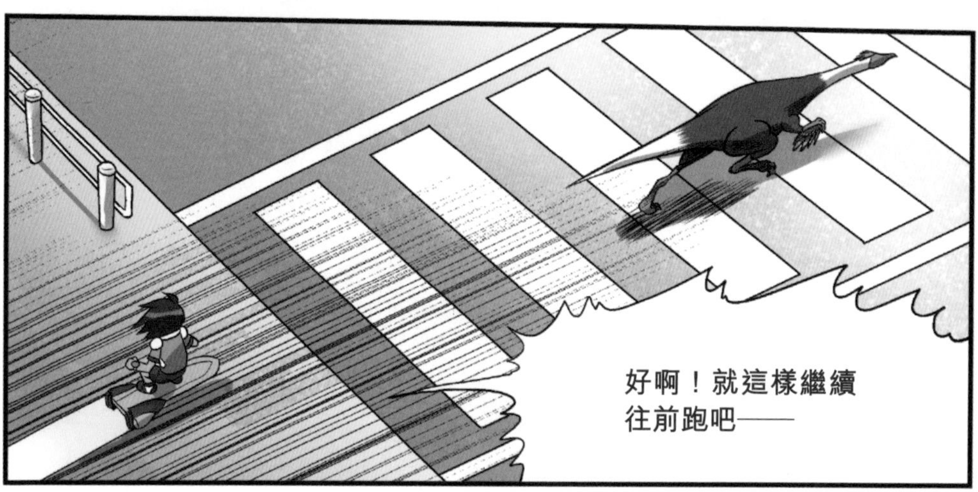

※哇呀呀呀呀

ドシーン!!
※咚隆！
哈哈！成功了！

最強王者——暴龍

牠擁有巨大的身軀，加上尖銳的牙齒，還有陸上恐龍中最強的噬咬力，簡直是肉食性恐龍的王者。牠身上的特徵已進化到最為適合狩獵，是最強的恐龍啊！

巨大的頭顱

牠巨大的頭部非常結實啊。

巨大的嘴巴

牠嘴巴非常大，更擁有最強的噬咬力和堅固的牙齒。

前腳的兩隻指頭

小小的前腳，上面各有兩隻帶有利爪的手指。

細小的翅膀

前腳內側有細小而色彩奪目的翅膀。平時牠會把翅膀收起來，以免引人注目；但估計在求偶等特別場合時，就會展露出來。

最強肉食性恐龍！

防寒的羽毛

根據近年的調查，估計暴龍的身體上其實覆蓋着羽毛的啊！

全　　長：約13米
棲息地域：美國、加拿大
科　　　：暴龍科
食　　性：肉食性
生存年代：白堊紀後期

粗壯的腳

暴龍的兩隻後腳粗大而健壯，能夠穩定地支撐巨大的身軀。

暴龍的秘密

暴龍是屬於「獸腳亞目」的恐龍。牠們的身體擁有很多適合狩獵的特徵，現在就為大家介紹一下，被譽為肉食性恐龍王者的暴龍到底有多厲害吧！

去收拾獵物吧！

用最強的下顎把獵物咬碎

暴龍的下顎肌肉異常發達。牠能一口把馬的軀體咬成兩半，是陸上恐龍中噬咬力最強的恐龍啊！

而暴龍的頭顱擁有極粗的下顎肌肉。牠能運用這些下顎肌肉把口張得闊大，然後用力地把捕獲回來的獵物咬碎！

堅固的牙齒連骨頭也能咬碎

在暴龍的大口中，有超過 25 厘米長的粗厚牙齒。暴龍會用這些又長又堅硬的牙齒咬破獵物的身軀，就連骨頭也能咬碎。而且，這些牙齒的邊緣還有鋸齒，就像切牛扒的餐刀似的，以便切開獵物的肉。

用敏感的鼻子嗅出獵物

暴龍的嗅覺非同小可，牠靈敏的鼻子能分辨氣味，藉此把獵物找出來。

雙腳的勾爪能配合敏捷的行動

暴龍結實的雙腳長有勾爪。有了這些勾爪，牠就能穩固地用力踩踢地面，在追趕獵物時非常方便！

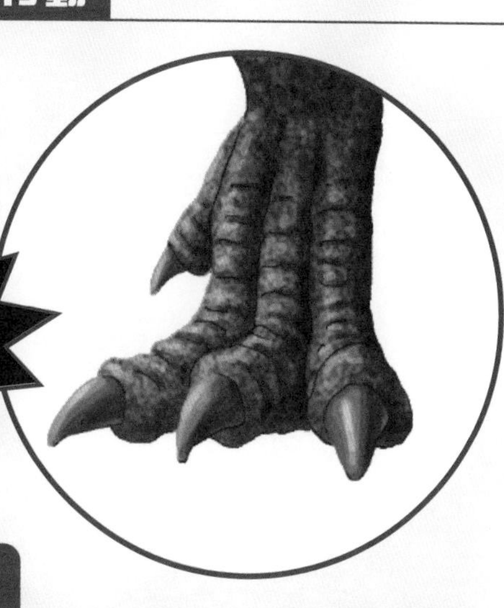

以粗尾巴去保持身體平衡

粗尾巴一直伸展到背後，內有巨大的肌肉支撐。這些肌肉連接着腿部肌肉，非常適合走路時保持平衡。

第6章

暴龍大戰三角龍

這策略就起名為「玻璃門大作戰」！你們的時代還沒有透明玻璃，現在大吃一驚吧？

先捕獲一頭似鳥龍！

ANIME
好了，要儘快抓住另一頭，然後再去良太哥哥那邊！

咕嚕嚕……

東京站前廣場

嘩呀呀呀

找到了！牠就
在那裏啊！

不妙了……牠非常
生氣啊。
戰意等級：5
戰意狀況：空腹、憤怒

這個……良太，暴龍
有沒有弱點的？

牠的弱點大概只有……倒下後很
難立刻站起來吧。因為牠身體很
重，所以跌倒時也會受重創。
咕嚕嚕……
另外，牠不能快速地
轉身，所以相信牠不
擅長應付背後的敵人。

那麼，我繞到身後
踢牠怎麼樣？
呀吔—!!
暴龍的體重有6噸啊，
這個策略應該……

グアアア
※咕呀呀呀
糟了！被發現了！
ガオオオオ
※吼啊啊啊啊
我們暫時撤退吧！

※吼啊啊啊

ズン
※隆重登場

三……三角龍！

※吼啊啊啊啊

[三角龍]
全長：約9米
棲息地域：美國、加拿大
科：角龍科
食性：草食性
生存年代：白堊紀後期

牠的防禦力非常高呢。
因為牠能使用巨角來防禦，這也是牠最大的武器啊。
能力分析表
攻擊力
3
防禦力
4
體力
2

三角龍的戰意等級也
提高至等級 5 了！
戰意等級：5
戰意狀況：恐懼
因為暴龍是牠的
天敵啊，所以牠
拚死也要自保。

グオオオオ!!
※吼啊啊啊

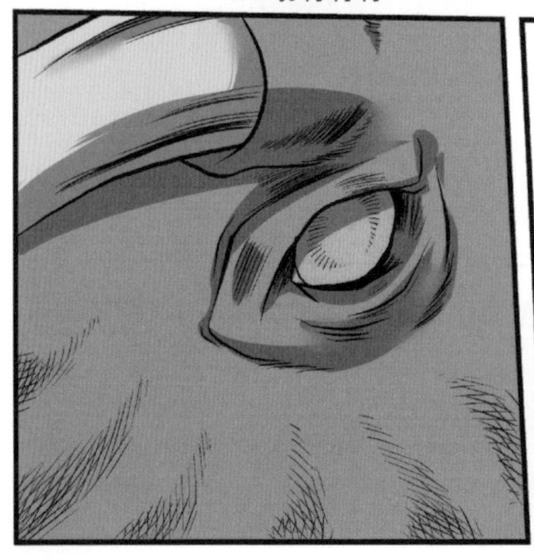

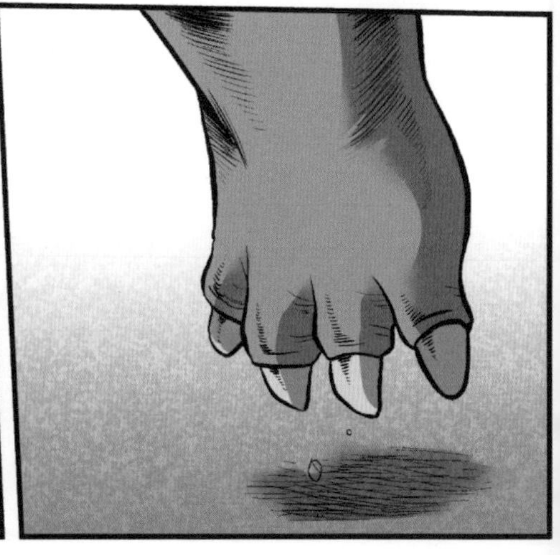

強勢推進
ドッ
ドッ
ドッ
ザッ
※避開

糟了！三角龍的背後
也是弱點啊！
快步轉身

咕嚕嚕嚕

太好了，牠總算避開了。

良太，怎麼了？

對了！
我們如果有三角龍的幫助，或許能把暴龍捕獲啊！

兩根 BB 棍棒連接……

ジャラッ

※錚

BB 棍棒啟動！雙節棍！
ヒュン
ヒュン

※轉轉轉

我們轉動這雙節棍做成防禦牆吧！只要我們守住三角龍的背後，那暴龍就無法輕易出手啊！

詩音，另一邊的防守就拜託你了！
好的！

來吧！我們決一
勝負啊！暴龍！

沉實穩重的三角龍

沉實的身軀、摺邊狀的巨大頭盾，以及頭上的三隻角，都是這種大型恐龍的標誌。三角龍和牠的近親都是被分類為「角龍科」的草食性恐龍。

大型的頭盾

由頭部後側延伸出來的頭盾，是由又薄又軟的骨質形成的。

用來嚇退敵人的三隻角

三角龍一如其名，總共長了三隻角。其中兩隻角又長又粗，長在雙眼上方的位置；而較短的一隻則長在鼻尖上。面對這麼尖銳的角，肯定連暴龍也會有所警戒！

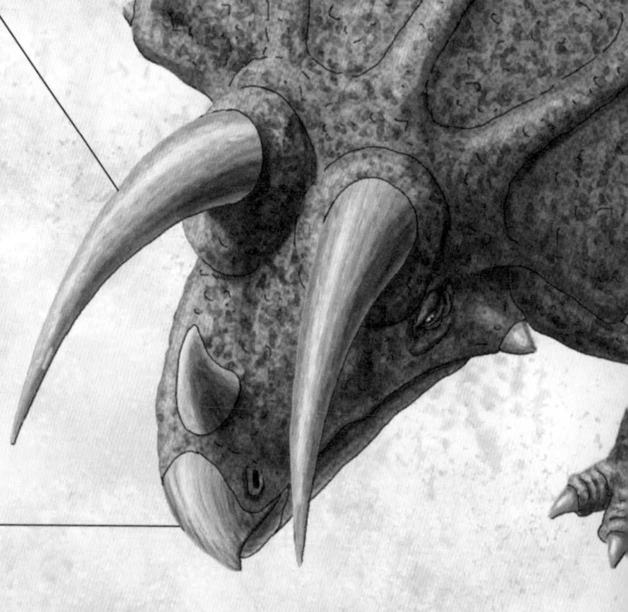

尖銳的嘴巴

三角龍的口部呈尖銳的鳥喙狀。由於牠們沒有前齒，所以會用嘴巴咬下食物，然後再用臼齒咀嚼！

尖銳的角就連暴龍也顧忌三分！

沉實的身軀

整個軀體沉實而巨大，這也是三角龍的特徵之一。

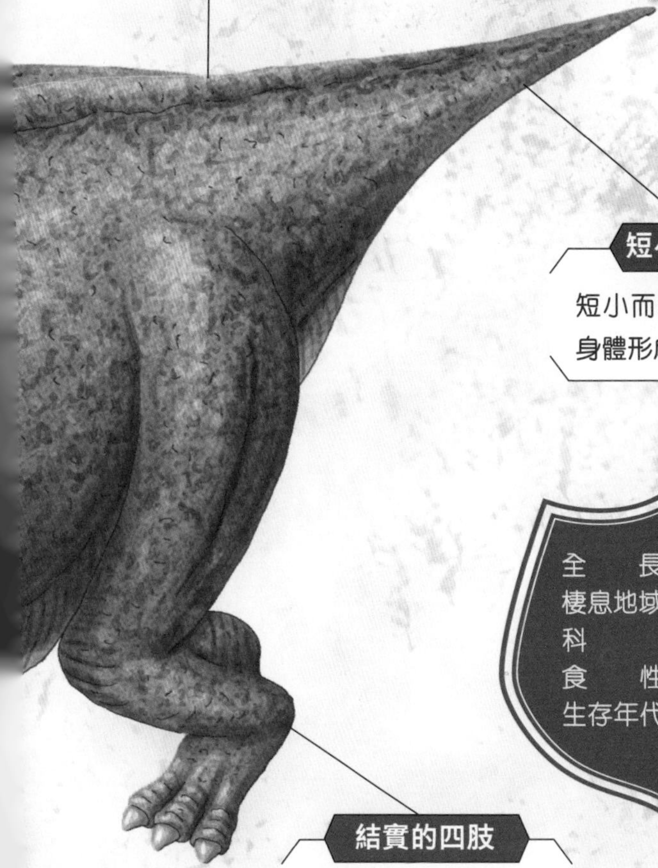

短小的尾巴

短小而粗壯的尾巴與身體形成很大對比。

全　　長：約9米
棲息地域：美國、加拿大
科　　　：角龍科
食　　性：草食性
生存年代：白堊紀後期

結實的四肢

結實的四條腿支撐着巨大的軀體，牠們走路時會稍為彎曲肘和膝關節。

三角龍的近親們

華麗角龍

牠們的大型頭盾的最上部分向前彎曲，而且邊緣布滿了角；另一個特徵是雙眼上的兩隻角向左右兩邊伸出。牠是擁有最多角的恐龍，但體型比三角龍小一點。

體型雖然較小，但頭盾給人的震撼力卻極大！

全　　長：約5米
棲息地域：美國
科　　　：角龍科
食　　性：草食性
生存年代：白堊紀後期

頭顱骨長約 3 米，是陸上生物中最大的！

全　　長：6至8米
棲息地域：美國、加拿大
科　　　：角龍科
食　　性：草食性
生存年代：白堊紀後期

皇家角龍

在牠巨大頭盾的邊緣上，布滿了五角花瓣形的角飾，看上去就像王冠一樣。牠雙眼上面的角非常小，相反，鼻尖上的角卻非常大。

牠是三角龍家族的新成員，是研究員在 2015 年才向公眾發表的。

牛角龍

牠是陸上動物中擁有最大頭顱骨的恐龍，其頭盾和角比三角龍的還要巨大。另外，牠的頭盾邊緣是弧形，並沒有突起物。

由於牠跟三角龍的外形很相似，所以也有說法指牠不是另一種角龍，而是三角龍成長後的樣子。

第7章

加油啊！紅龍小隊！

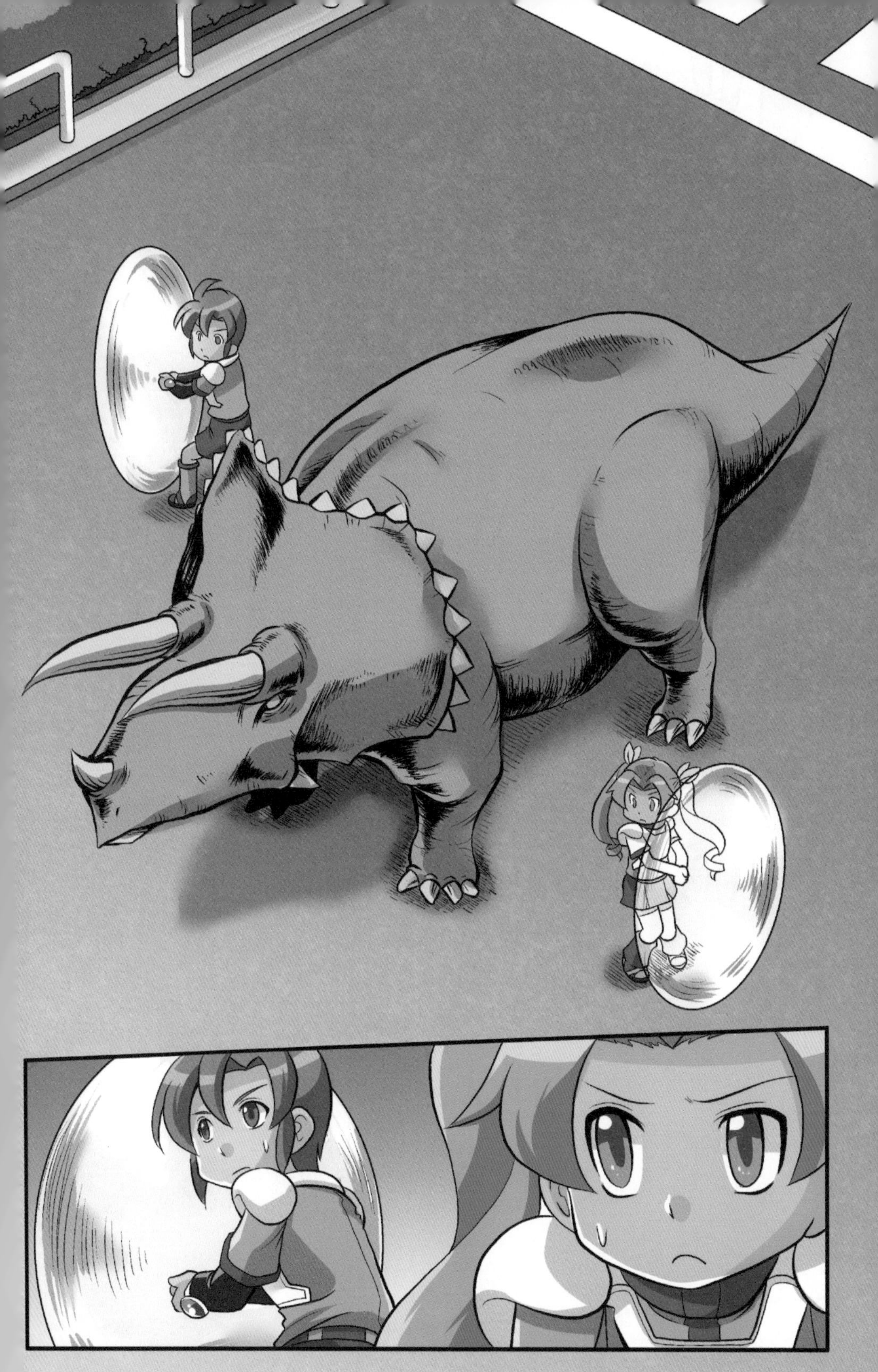

※吼

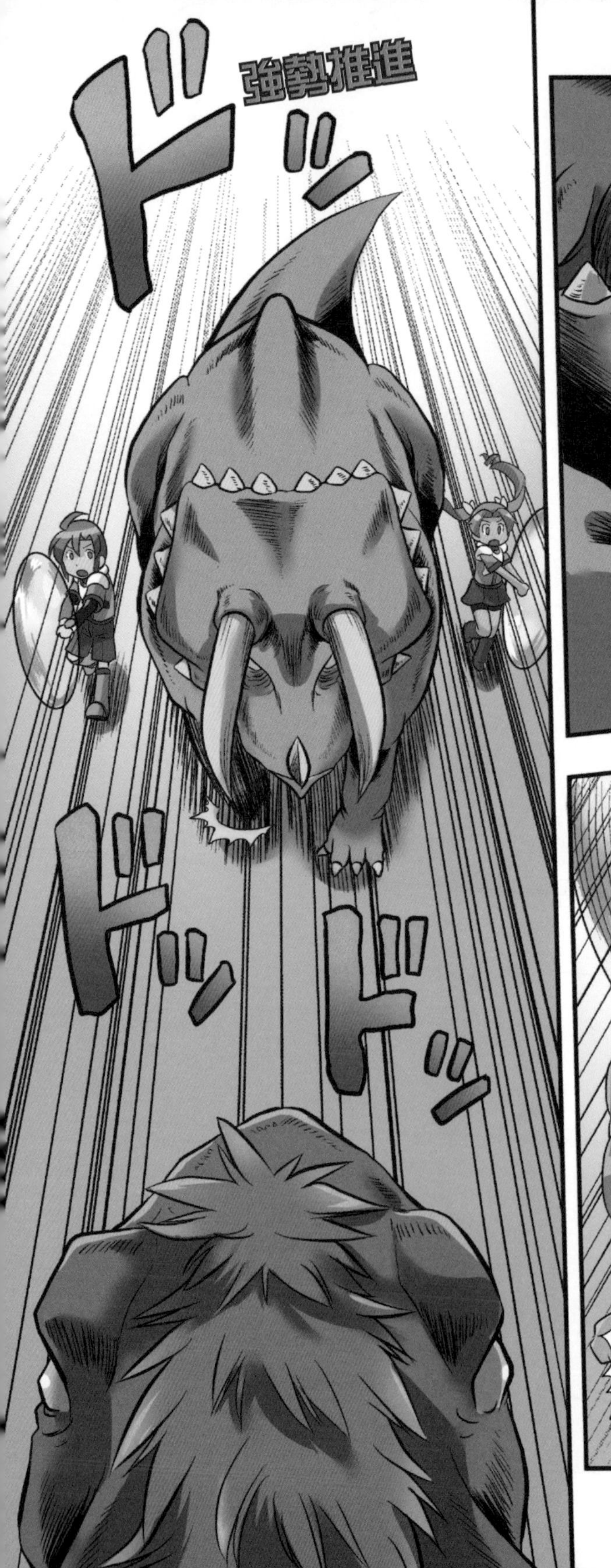

※彈走
バーッイ
嗚！

良太，沒事吧？
※顫抖
ビリ
ビリ
總算擋下來了……不過，牠不愧是恐龍界王者，我們下次未必能這麼順利啊……

※吼呀呀呀

※強勢推進

※搖晃不定

※強勢推進

グオッ
吼呀
呀呀呀！
ブヴ
咬住
ガ
咬住

ズ
唰唰唰
可惡！
詩音？

シャアア
唰唰唰
放……放開口啊！
你這傢伙！

※揮倒

グオオオオオ
啊啊啊啊！

且慢！我來了！

佳仁？

※強勢推進
ドドドドドド
讓兩位久等了！

※強勢推進
ドドドドド
真是的！你太慢了啊！
你終於來啦！佳仁！

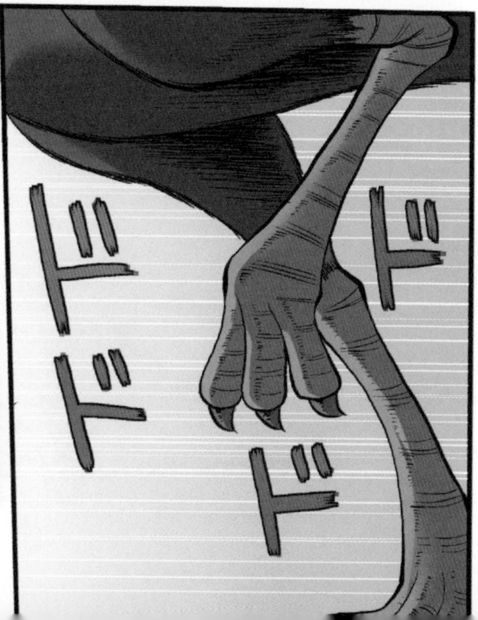
ドドド
※強勢推進

暴龍就交給我對付吧！

好！上啊！似鳥龍！

用身體撞擊暴龍吧！

※咯隆！
※咔啦！

咕呀

成功了！牠中了似鳥龍以時速達 50 公里使出的高速撞擊，絕不可能安然無恙啊！
咦……不過佳仁呢？

啊……在那裏！

怎樣啊！你們
看到了吧……
咦……呀……唔？

糟了！本來應該是
準繩地落地的，怎
麼我會被撞飛了？
ボー

嗚哇！好高呀……恐龍看
起來也變得那麼小了！
這樣掉到地上的話，
不可能叫兩聲痛就沒
事吧……

※沉重打擊

佳仁——

用這個啊！

謝謝你啊，
良太哥哥！

這次可不會像之前
那樣失手啊！

看着吧！這就是
BB 飛板高手的
絕技……

佳仁超特技！
終極後空翻！
完美展露

原來那招式名還有
後續的……
咚咚咚——
佳仁！
ズウウ
轟然倒下

咔擦
咕呀
成功了！
戰鬥任務完成！
ウー

※嘩嘩嘩嘩！

ワァァァァァッ!!

暴龍、三角龍和似鳥龍的戰意等級都變為0了！
謝謝你救我們啊，待會我替你治療吧。

好！捕獲成功！

各位都好努力，YO ！
大家都大顯身手了，任務完成啦！

大家敬請期待勇獸戰隊的下一個任務吧！

BATTLE BRAVES BB資料檔案 11

恐龍為什麼會滅絕？ 1

根據研究，恐龍大約在距今 6600 萬年前的白堊紀後期滅絕。到底是什麼原因令牠們消失呢？以下會講解比較有力的說法。

地球遭到小行星撞擊？

有一說法指地球在白堊紀後期遭到小行星撞擊，令地球的環境出現巨變，恐龍亦因而滅絕了。

在發生小行星撞擊後，大量塵埃被捲到半空中，這些塵埃阻隔了太陽光，令地球的氣溫急劇下降。植物數量因氣候變化而劇減，以植物為食糧的草食性恐龍先滅絕，而以草食性恐龍為獵物的肉食性恐龍亦相繼滅亡。

另外，小行星撞擊也會引發連串地震和海嘯，估計有不少恐龍也因為這些災難而滅亡了。

恐龍為什麼會滅絕？ 2

恐龍是跟鱷魚和龜等爬蟲類由相同祖先進化而成的。在恐龍出現的中生代，鱷魚和龜的祖先也同時存在着……大家不覺得奇怪嗎？鱷魚和龜到了現代依然好好存活着啊。因此就出現了以下這種説法。

適者生存，不適者淘汰？

在恐龍出現的中生代，跟人類同類的哺乳類動物同時也存在着。晚上，小型的哺乳類動物在大型恐龍休息時才活動，並四出覓食，最後會不會連大型恐龍的食物都給搶光，結果令恐龍無法再生存下去呢？

另外，在這個時代的一些哺乳類動物，也會捕食恐龍蛋或恐龍的幼崽。由此可見，恐龍之所以滅絕，有可能是被哺乳類動物捕食了啊！

與人類祖先有關連的哺乳類動物

在恐龍步上滅亡之路時，有幾種生物卻避過了滅絕的危機。與人類祖先有關連的哺乳類動物，也在這個時代艱苦地存活下來，並進化成各種不同種類的生物啊！

BATTLE BB資格考試 BRAVES

梁龍為了幫助消化吃掉了的植物，會在肚子中會儲存哪種石頭？

A 腎石　B 胃石　C 化石

像甲龍般，身體覆蓋着由骨板組成的堅硬裝甲，並用四條腿步行的草食性恐龍，會分類為以下哪個類別呢？

A 甲龍亞目　B 甲獸亞目　C 甲兜亞目

似鳥龍被稱為「鴕鳥恐龍」，其速度是傲視同羣的。那麼牠到底能以多少時速奔跑呢？

A 時速 30 公里　B 時速 40 公里　C 時速 50 公里

暴龍的前腳有多少隻手指呢？

A 3 隻　B 2 隻　C 1 隻

三角龍最大的特徵之一，是其頭上獨特的頭盾。它是由什麼組成的呢？

A 又厚又硬的肌肉　B 又硬又結實的皮膚　C 又薄又軟的骨

（答案在後頁）

BATTLE BB資格考試答案 BRAVES

第1題　B　胃石

像梁龍這些草食性恐龍，牠們沒有牙齒能咬碎堅硬的植物，所以會利用胃石把吞食了的植物磨碎來幫助消化。

第2題　A　甲龍亞目

甲龍亞目可大致分為「甲龍科」和「結節龍科」兩大科。兩者的最大分別，是尾巴末端有沒有尾槌。那麼有尾槌的到底是哪一科？請參照第 66 頁的「BB 資料檔案」吧！

第3題　C　時速 50 公里

似鳥龍在恐龍界中跑得最快。牠們會活用自己的速度去捕食獵物啊！

第4題　B　2 隻

暴龍的 2 隻前腳，比起後腳要細小得多。牠們的前腳上分別有 2 隻帶有尖爪的手指啊。

第5題　C　又薄又軟的骨

三角龍的巨大頭盾是由又薄又軟的骨質組成的。三角龍的近親還有着外形各異的頭盾啊。

BB 資格考試評分

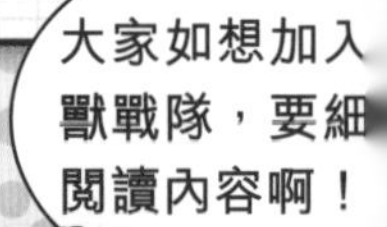

5 題全對	你擁有成為勇獸戰隊隊員的資格了！
答對 3 至 4 題	你離當上勇獸戰隊隊員還差一步！
答對 0 至 2 題	你再讀一次本書之後再嘗試吧。 永不放棄的精神，正是勇獸戰隊最重要的素質啊。

LE BRAVES BATTL

製作團隊

■監督者　平山廉

早稻田大學 國際通識教育學院教授
（School of International Liberal Studies）
專門研究化石和昆蟲類（尤以龜類為主），曾參加日本及海外很多恐龍發掘調查。著作和監督作品眾多，包括《最新恐龍學》、《恐龍角色超大百科》等。

■漫畫　新久保大介

以漫畫家和插畫家身分積極地推出作品。代表作有《再集合吧！ Falcom 學園》（原作：日本 Falcom）等。

■故事　伽利略組

兒童漫畫劇本和教材的製作團體，擅長的主題廣泛，包括歷史和科學等。主要作品有《歷史漫畫時光倒流》系列、《5 分鐘的時光倒流》、《5 分鐘的求生記》等。

LE BRAVES BATTL

主要參考文獻

- 《恐龍圖像大圖鑑》著：土屋健 / 監督者：小林快次．平山廉等（洋泉社）
- 《為什麼？恐龍圖鑑 ~ 解構遠古生物之謎》監督者：平山廉（PHP 研究所）
- 《小學館圖鑑 NEO POCKET 4 恐龍》（小學館）
- 《解謎漫畫 HUNTER Q 追查恐龍滅絕之謎！》
  著：古本裕也 / 監督者：平山廉（PHP 研究所）
- 《大冒險！恐龍探險隊》監督者：福井縣恐龍博物館
- 《由零知識開始的恐龍入門》
  著：恐龍君（田中真士）/ 繪：所十三（幻冬舍）
- 《解謎週刊》第 3 期（朝日新聞出版）

BATTLE BRAVES

勇獸戰隊知識漫畫系列

兇猛暴龍大鬧都市

監 督 者：平山廉
漫畫繪圖：新久保大介
故事編劇：伽利略組
翻　　譯：黃珥
責任編輯：黃楚雨
美術設計：新雅製作部
出　　版：新雅文化事業有限公司
香港英皇道 499 號北角工業大廈 18 樓
電話：(852) 2138 7998
傳真：(852) 2597 4003
網址：http://www.sunya.com.hk
電郵：marketing@sunya.com.hk
發　　行：香港聯合書刊物流有限公司
香港荃灣德士古道 220-248 號荃灣工業中心 16 樓
電話：(852) 2150 2100
傳真：(852) 2407 3062
電郵：info@suplogistics.com.hk
印　　刷：中華商務彩色印刷有限公司
香港新界大埔汀麗路 36 號
版　　次：二〇二二年九月初版

ISBN: 978-962-08-8071-1
ORIGINAL ENGLISH TITLE: *KAGAKU MANGA SERIES (1) BATORU BUREIBUSU VS. SAIKYŌ TIRANOSAURUSU KYŌRYŪ-HEN*
BY Daisuke ARABUMA and Asahi Shimbun Publications Inc.

18/F, North Point Industrial Building, 499 King's Road, Hong Kong
Published in Hong Kong, China,
Printed in China